天津市科普重点项目支持

设施蔬菜合理施肥
原色图册系列丛书

芹菜 大白菜
施肥与生理病害防治

主　编：信丽媛　高　伟

编　者：吕雄杰　王丽娟　王晓蓉

　　　　张玉玮　贾宝红　宋治文

　　　　王孟文

U0324885

天津出版传媒集团

天津科技翻译出版有限公司

图书在版编目(CIP)数据

芹菜 大白菜施肥与生理病害防治／信丽媛,高伟主编.
天津:天津科技翻译出版有限公司,2013.2
(设施蔬菜合理施肥原色图册系列丛书)
ISBN 978-7-5433-3191-4

Ⅰ.①芹… Ⅱ.①信… ②高… Ⅲ.①芹菜—施肥
②芹菜—植物生理性病—防治 ③大白菜—施肥 ④大白
菜—植物生理性病—防治 Ⅳ.①S630.6 ②S436.3

中国版本图书馆 CIP 数据核字(2013)第 025912 号

出　　　版:天津科技翻译出版有限公司
出 版 人:刘 庆
地　　　址:天津市南开区白堤路 244 号
邮政编码:300192
电　　　话:022-87894896
传　　　真:022-87895650
网　　　址:www.tsttpc.com
印　　　刷:唐山天意印刷有限责任公司
发　　　行:全国新华书店
版本记录:787×1092　32 开本　2.75 印张　40 千字
　　　　　2013 年 2 月第 1 版　2013 年 2 月第 1 次印刷
　　　　　定价:16.00 元

丛书前言

有一句顺口溜说，"水大肥勤，种地不用问人"。可真的是"施肥越多越增产"吗？相信许多农民朋友有过这样的经历，花了不少钱买化肥，可是施用的效果并不理想。

近年来，设施蔬菜栽培在我国北方取得了长足发展。据调查，很多菜区存在盲目施肥、过量施肥的现象，这对生态环境和农产品安全都造成了不利影响。农民朋友身边亟需合理施肥的切实指导。

本系列丛书主要针对农业生产一线的农民朋友，力求以朴实的语言，辅以清晰的图片，详细地介绍芹菜、大白菜，黄瓜、甜瓜、番茄、辣椒6种蔬菜设施栽培的茬口安排、品种选择、不同时期的需肥规律、肥料的选用，以及常见生理病害的防治方法，尽可能地让农民看得懂、学得会、用得上。

本书在编写的过程中，本着严谨求实的态度，所用图片大部分来自于田间生产实际，保证了本书内容的客观性、可靠性和实用性。

本书的编写还得到了天津市农业科学院的李秀秀研究员、王万立研究员、李淑菊研究员、刘文明高级农艺师、杨小玲研究员和高国训副研究员等各位老师的大力支持和帮助，在此一并表示感谢。

由于编写者水平有限，书中疏漏和不当之处在所难免，在此恳请专家、同仁与广大读者批评指正。

编者

2012 年 10 月

目　录

第一部分　芹菜

第一节　品种选择

一、京津地区芹菜茬口安排 …………………… 2
二、主要优良品种特性介绍 …………………… 2

　1.优文图斯 ……………………………………… 2

　2.四季西芹 ……………………………………… 3

　3.赛瑞 …………………………………………… 4

　4.天津实心芹 …………………………………… 5

　5.赛雪白芹 ……………………………………… 5

　6.赛瑜香芹 ……………………………………… 6

　7.赛丽香芹 ……………………………………… 6

　8.西洋翠玉 ……………………………………… 7

　9.津奇 1 号 ……………………………………… 7

　10.津奇 2 号 …………………………………… 8

　11.妙香四季 …………………………………… 8

　12.格琳娜 ……………………………………… 9

　13.罗瑞他 ……………………………………… 9

　14.KSC 锦绣 ………………………………… 10

　15.皇菲 ………………………………………… 10

　16.文图拉 ……………………………………… 10

　17.西雅图 ……………………………………… 11

第二节　施肥方法

一、需肥特性 ……………………………………… 12

二、基肥 …………………………………………… 12

三、追肥 …………………………………………… 13

    1.秋冬茬芹菜 ………………………………… 13

    2.春茬芹菜 …………………………………… 15

四、施肥的技术要点 ……………………………… 16

第三节　常见生理病害

一、典型的生理病害 …………………………… 18

    1.烧心病 ……………………………………… 18

    2.空心病 ……………………………………… 20

    3.叶柄开裂 …………………………………… 22

    4.心腐病 ……………………………………… 22

    5.叶缘腐烂 …………………………………… 24

    6.沤根 ………………………………………… 25

二、温度引起的生理病害 ……………………… 26

    1.高温危害 …………………………………… 26

    2.低温冷害 …………………………………… 26

三、由光照引起的生理病害 …………………… 28

四、由水分引起的生理病害 …………………… 28

五、由营养元素引起的生理病害 ……………… 29

    1.氮缺乏 ……………………………………… 29

    2.氮过剩 ……………………………………… 31

3.磷缺乏 …………………………………………… 31

4.钾缺乏 …………………………………………… 32

5.钾过剩 …………………………………………… 34

6.钙缺乏 …………………………………………… 34

7.钙过剩 …………………………………………… 37

8.镁缺乏 …………………………………………… 37

9.铁缺乏 …………………………………………… 39

10.硼缺乏 ………………………………………… 40

11.锌缺乏 ………………………………………… 43

12.锌过剩 ………………………………………… 43

13.铜缺乏 ………………………………………… 44

14.锰缺乏 ………………………………………… 44

15.硫缺乏 ………………………………………… 45

六、由有毒气体引起的危害 …………………… 45

1.氨气危害 ……………………………………… 45

2.亚硝酸气体危害 ……………………………… 46

3.乙烯或氯气危害 ……………………………… 47

4.烟雾剂农药危害 ……………………………… 48

七、由土壤盐分浓度引起的危害 …………………… 49

第二部分　大白菜

第一节　茬口安排及品种介绍

一、茬口安排 …………………………………… 52
二、品种介绍 …………………………………… 53
　　1.春绿 1 号 ………………………………… 53
　　2.津秀 1 号 ………………………………… 53
　　3.津秀 2 号 ………………………………… 54
　　4.津夏 1 号 ………………………………… 54
　　5.津夏 2 号 ………………………………… 54
　　6.津夏 3 号 ………………………………… 54
　　7.津白 45 ………………………………… 55
　　8.秋绿 55 ………………………………… 56
　　9.秋绿 60 ………………………………… 56
　　10.津白 56 ………………………………… 57
　　11.秋绿 75 ………………………………… 57
　　12.秋绿 78 ………………………………… 58
　　13.秋绿 80 ………………………………… 59
　　14.津桔 65 ………………………………… 59
　　15.津秋 606 ……………………………… 59

第二节　栽培所需的环境条件

一、温度 …………………………………… 60
二、光照 …………………………………… 62

三、水分 ······ 62

四、土壤 ······ 63

第三节 需肥动态

一、根系吸肥特性 ······ 63

二、需肥动态 ······ 64

三、施肥要点 ······ 64

  1.春茬大白菜 ······ 64

  2.夏茬大白菜 ······ 65

  3.秋茬大白菜 ······ 66

第四节 生理病害

  1.缺钙 ······ 67

  2.缺氮 ······ 69

  3.氮过量 ······ 70

  4.缺磷 ······ 71

  5.缺钾 ······ 71

  6.缺硼 ······ 72

  7.缺镁 ······ 73

  8.缺铁 ······ 74

  9.缺锰 ······ 75

  10.药害 ······ 75

芹菜

第一节 品种选择

一、京津地区芹菜茬口安排

茬口安排	播种期	定植期	收获期
春茬	2月上旬至3月上旬	3月下旬至4月下旬	5月下旬至6月上旬
夏茬	3月中旬至4月中旬	5月上中旬	6月下旬至7月下旬
秋冬茬	6月中下旬	8月上中旬	10月下旬至11月上旬

二、主要优良品种特性介绍

1.优文图斯

优文图斯（图1-1,1-2）由天津科润蔬菜研究所培育,引进法国西芹资源。适宜早春保护地栽培。该品种植株紧凑直立,株高70~80厘米,叶片绿色,第一节叶柄较长,占整个植株高度的54%,叶柄黄绿色,有光泽,不易糠心,纤维少,横断面近圆形,质地脆嫩。叶片数7~8个,分

图 1-1　优文图斯　　　　　图 1-2　优文图斯

蘖很少。

　　该品种中早熟,具有良好的耐抽薹性能,品质脆嫩,商品性突出,定植后 70~75 天可收获,亩产达到 8600 千克。

2.四季西芹

　　四季西芹(图 1-3)由天津科润蔬菜研究所培育,天津市科技进步三等奖品种。介于本地实心芹和国外西芹的中间类型,耐低温弱光,抗逆性强。适宜各地露地和保护地四季栽培。

图 1-3　四季西芹

该品种生长速度较快,株型直立,株高约 70 厘米,叶片长 75 厘米,其中食用部分 48 厘米,单株重 0.6 千克。全株 7~8 片叶,叶簇紧凑,叶片鲜绿色,叶柄浅绿色,叶鞘白绿色,实心。纤维少,口感脆嫩,味淡。一般定植后 70~80 天收获,亩产约 7500 千克。

3. 赛瑞

赛瑞(图 1-4)由天津科润蔬菜研究所培育。早熟西芹品种,生长势强,抗病性强。株高 80 厘米左右,叶柄浅绿色,纤维少,实心,有光泽,叶柄第一节长 35 厘米左右。密植栽培单株重约 0.5 千克,定植后 70 天收获。疏植栽培单株可达 1.0 千克。适宜我国大部分地区露地及秋冬季保护地周年栽培。

图 1-4　赛瑞

4.天津实心芹

天津实心芹(图 1-5)由天津科润蔬菜研究所培育。本芹类型,早熟品种,株高 80~90 厘米,株型直立,紧凑,叶片 7~8 片,鲜绿色,叶柄深绿色,棱线明显,口味浓,纤维较少,品质较好。实心,稍稀种植单株重可达 500 克以上。适应性较强,定植后 70 天收获,亩产 5000 千克左右。对斑枯病、病毒病有一定抗性。

图 1-5 天津实心芹

5

图 1-6 赛雪白芹

5.赛雪白芹

赛雪白芹 (图 1-6)由天津科润蔬菜研究所培育。白芹品种,中晚熟,株高 70 厘米左右,叶柄白色,实心,叶柄第一节长 30 厘米左右。适宜露地及保护地栽培,定植后 85~95 天收获。

6.赛瑜香芹

赛瑜香芹(图1-7)由天津科润蔬菜研究所培育。小香白芹菜,叶柄白色,口味清香,肉质脆嫩,纤维少,株高30厘米左右,抗病性、抗逆性强,一般定植后45~55天即可收获。

图1-7 赛瑜香芹

7.赛丽香芹

赛丽香芹(图1-8)由天津科润蔬菜研究所培育。小棵芹菜专用品种。速生密植,叶柄黄绿色,株高在50厘米即可收获,叶簇紧凑,实心,光泽度好,纤维少,肉质脆嫩,口味清香。是生产小棵芹菜的最佳品种。

图1-8 赛丽香芹

8.西洋翠玉

西洋翠玉是由天津科润蔬菜研究所新引进的法国西芹资源,中早熟品种,抗病性强。株高 80 厘米左右,叶柄黄绿色,实心,有光泽,纤维少,单株重 0.5~1.5 千克,适宜露地及保护地栽培,也可中小棵种植,定植后 80 天左右收获,每亩产量可达 8000 千克。

9.津奇 1 号

津奇 1 号(图 1-9)是天津园艺工程所选育出的首例西芹一代杂交品种。株高约为 80 厘米,叶柄第一节长 42 厘米以上,宽度为 2.1 厘米,厚度为 1.6 厘米,第二节长 15 厘米左右。叶片平展,外缘裂刻明显,锯齿较深。叶柄浓绿色,有光泽,缢痕明显。植株生长势强,叶柄肥厚鲜嫩,抱合紧凑。单株重达 600 克以上,基生蘖芽少,净菜率高,商品性良好。苗期生长快,对叶斑病有较强抗性。

图 1-9　津奇 1 号

7

10.津奇2号

津奇2号(图1-10)是天津园艺工程所选育出的一代杂交品种。株型紧凑直立,长势强,生长快,株高约88厘米,叶片绿色,叶柄浅绿色,有光泽。第一节叶柄长44厘米,宽2厘米。叶柄粗纤维极少,口感好,净菜率高。适于早春保护地栽培,耐未熟抽

图1-10 津奇2号

薹性显著优于"文图拉"。定植后70天可收获。

11.妙香四季

妙香四季由天津科润蔬菜研究所新引进欧洲西芹资源选育而成。早熟品种,叶柄黄嫩,生长速度快,适应性强,抗病性好,株高80厘米左右,纤维少,实心,光泽亮,单株重1.0~1.5千克,可中小棵种植。适宜露地及保护地栽培,定植后70~80天收获,亩产可达10 000千克。

12. 格琳娜

格琳娜(图 1-11)由天津农业高新技术园区引自英国。植株抱合紧凑,棵大,生长势旺盛。株高 75 厘米,叶片绿色,较小,叶柄绿色,第一节长 30 厘米,宽 40 厘米,腹沟深,背面光滑,纤维极少,质地脆嫩。抗斑枯病,耐缺硼,耐低温。定植后 90 天可采收。单株重可达 750 克。

图 1-11 格琳娜

9

13. 罗瑞他

罗瑞他(图 1-12)由天津农业高新技术园区引自英国,黄色品种。植株抱合紧凑,株高适中,一般为 55 厘米左右,叶片

图 1-12 罗瑞他

黄绿色,较大,稍皱,叶柄黄色,肥厚,质脆嫩,纤维极少。定植后90天可采收,单株重500克左右。

14.KSC 锦绣

KSC 锦绣由天津科润蔬菜研究所新引进法国西芹资源选育而成。中早熟品种,抗病性强。株高80厘米左右,叶柄黄绿色,纤维少,实心,有光泽,单株重0.5~1.5千克。适宜露地及保护地栽培,定植后80~90天收获,每亩产量可达10 000千克。

15.皇菲

皇菲由天津科润蔬菜研究所新引进法国西芹资源选育而成。中早熟品种,抗病,株高80厘米左右,叶柄黄绿色,纤维少,实心,有光泽,单株重可达1.0~1.5千克。适宜露地及保护地栽培,也可中小棵种植,定植后80~90天收获,每亩产量可达8000千克。

16.文图拉

文图拉(图1-13)是从美国引起的品种,是我国芹菜生产主栽品种之一。该品种植株高大,生长旺盛,株高80厘米左右,叶片大,叶色绿,叶柄绿白色,实心,有光泽,叶

图 1-13　文图拉

柄腹沟浅而平,基部宽 4 厘米,叶柄第一节长 30 厘米,叶柄抱合紧凑,品质脆嫩,抗枯萎病,对缺硼症抗性较强,从定植到收获需 80 天,单株重 750 克,无分蘖,亩产 6000~6800 千克,水肥条件和管理水平高的地区可达 10 000 千克。

17. 西雅图

西雅图由天津科润蔬菜研究所新引进美国西芹资源选育而成。中晚熟,耐低温,抗病性强,产量高,株型紧凑,叶柄亮黄绿色,不易糠心,纤维少,商品性极好。株高 70~80 厘米,单株重 0.5~1.0 千克,是保护地及露地栽培的首选品种。

<h1 style="text-align:center">第二节　施肥方法</h1>

一、需肥特性

芹菜的大部分根群分布在7~10厘米(约成年人一拳宽)深的表层土中,横向分布范围30厘米左右,属于浅根系蔬菜,具有吸肥能力低和耐肥力强的特点,因此它对土壤肥力的要求较高,适于在壤土或黏壤土上栽培。

在任何时期,缺乏营养元素都会影响芹菜生长发育,尤其初期和后期影响更大。芹菜在整个生长期需要氮肥最多,在初期需要磷较多,在后期需要钾量较多。据测算,每生产1000千克芹菜,其养分吸收量为:氮(N)1.8~2.0千克,磷(P_2O_5)0.7~0.9千克,钾(K_2O)3.8~4.0千克。秋茬芹菜营养生长盛期也是养分吸收量的高峰期,即秋种后70~80天,此时对氮、磷、钾、钙、镁五种要素的吸收量分别占总吸收量的84%以上,其中需氮量最高,钙、钾次之,磷、镁最少。氮、磷、钾、钙、镁的比例大致为9.1:1.3:5.0:7.0:1.0(图1-14)。

二、基肥

保护地栽培的芹菜一般都要经过育苗,然后再定植。

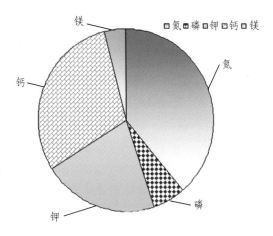

图1-14 氮、磷、钾、钙、镁的比例

就基肥而言,春茬和秋冬茬略有不同。

茬口安排	施肥方式及施肥量
秋冬茬	基肥每亩施用优质腐熟农家肥3000千克,磷酸二铵15~20千克,硫酸钾或者氯化钾10~15千克
春茬	基肥每亩施优质农家肥4000千克左右,有条件的每亩再撒施优质复合肥20千克

三、追肥

 1.秋冬茬芹菜

芹菜缓苗水过后,新叶开始生长表示缓苗结束。芹菜

苗高 20 厘米时开始第一次追肥,尿素每亩 8~10 千克,硫酸钾或氯化钾 6~8 千克;或溶解性较好的复合肥 12~15 千克。可以随水追施,也可撒施。追肥后应及时浇水。以后每隔 5~7 天浇水 1 次,隔 10~15 天追肥 1 次。浇水、追肥主要在 11 月前后进行,进入 12 月份芹菜基本长成应控制浇水,不再追肥(图 1-15)。

图 1-15　秋冬茬芹菜

芹菜长到苗高 20 厘米左右时(采收前 30 天),喷洒一次 30~50 毫克/升的赤霉素加 0.3%尿素。隔 10~15 天再喷一次可增收二三成。但赤霉素使用过量易造成"糠心",必须注意配合施用肥料。

2.春茬芹菜

定植后,芹菜心叶开始生长,此时会萌生大量侧根,形成翻根现象,会大量吸收水肥,因此要加大肥水。每7~10天浇1次水,保持土壤湿润。隔1次水追1次肥。每亩每次施溶解性较好的复合肥15~20千克。芹菜生长旺盛时期还要加施钾肥,每亩8~10千克钾肥(图1-16)。

图1-16　春茬芹菜

15

在芹菜生长的中后期,要保持土壤湿润,不要脱肥,否则会造成芹菜叶片细小,叶柄纤维过多,组织老化,易空心,降低其品质和产量。芹菜对硼敏感,缺硼时易出现裂茎。

芹菜采收前半个月喷施 30~50 毫克/升赤霉素 1~2 次,增产效果更佳。

四、施肥的技术要点

1.芹菜施肥要坚持以有机肥为主的施肥制度。有机质是土壤肥力的核心,很多试验证明,土壤酶活性与土壤肥力有很大的关系,甚至可以从土壤酶活性角度估计土壤的生产力水平。

2. 通常芹菜基肥常以有机肥为主,也根据其肥料成分,加入适量化肥,做到氮、磷、钾及其他营养元素的平衡。追肥是基肥的补充,要针对芹菜不同生育期的需肥特点,适时、适量、分期施入。

3.值得注意的是,不要施用未腐熟的有机肥,因为未腐熟的有机肥易造成多种病原物初侵染和加重病情,也会加剧地下害虫为害。

4.保护地芹菜施化肥有两种方法,第一种方法是先将化肥溶在少量水中,然后随水流入畦里;第二种方法是均匀地在畦面撒施。第二种方法应注意在撒化肥前2个小时,将棚室放大风,减少棚内湿度,使芹菜叶上没有水滴后再撒化肥。撒完化肥后,需用软苗儿扫帚在菜叶上慢慢扫一扫,把落在芹菜叶面的化肥扫掉,这样可防止芹菜烧叶烧心。

5.芹菜施肥都离不开浇水,很多农民朋友都有丰富的经验,会做到"三看浇水",即看天浇水、看地浇水和看苗浇水。拿"看苗浇水"来说,芹菜在发芽期,应供水充足,以利于种子吸水萌发。

6.浇水要注意同其他各项栽培措施配合使用,对于深耕肥多密植的高产芹菜,要做到"粪大水勤";对于定植后多"大水饱浇",以便于缓苗;每次间苗后,都还要浇一次"合缝水"。

7.浇水标准应以水在畦面上淹没心叶为宜,这样可以防止落入心叶上的化肥烧坏生长点。

8.灌水后要加强放风,保持畦面湿润。

9.高温多雨季节追肥要用无机肥,并分次施用,不用人粪尿,以免烂根。

10.追肥要多次施用,每次不宜太多。

11.芹菜生长中期以后,要保持土壤湿润,直至收获,

这样才能更好地发挥施肥效果。

12.塑料薄膜日光温室内的水分不易散失,特别是在严寒冬季,放风时间短,室内湿度过大,植株蒸腾量小,应尽量减少灌水次数和灌水量,以防湿度过大引发病害。

第三节　常见生理病害

一、典型的生理病害

1. 烧心病

主要症状

开始时心叶叶脉间变褐,以后叶缘细胞逐渐死亡,呈黑褐色。生育前期较少出现,一般在植株长至11~12片叶时发生(图1–17)。

图1–17　烧心病

发病原因

主要是由缺钙引起的。大量施用化肥后易使土壤酸化而缺钙,施肥过多,特别是氮肥、钾肥过多,会影响根系对钙的正常吸收。另外,低温、高温、干旱等不良环境条件均会降低根系活力,减弱根系对钙的吸收能力,加重缺钙。夏季栽培的芹菜易发生烧心。多在具11~12片真叶时开始发生。

防治方法

①选择中性土壤种植芹菜。对酸性土壤要施入适量石灰,把土壤的酸碱性调到中性。

②多施有机肥,避免过量施用氮肥、钾肥,尤其不要一次大量施用速效氮肥。

③避免高温、干旱。温度过高要通风降温。保持土壤经常湿润,小水勤浇,不能忽干忽湿。

④发生烧心时,要及时向叶面喷施 0.3%~0.5% 氯化钙或硝酸钙水溶液,每 7 天喷 1 次,连续喷 2~3 次。一般喷 2 次即可防治。喷洒时一定要喷在心叶上,喷在其他叶片上无效。

2. 空心病

主要症状

芹菜空心是组织老化的一种现象，从叶柄基部开始空心并逐渐向上发展，空心部位出现白色絮状木栓化组织（图 1-18, 1-19）。

图 1-18　空心病

图 1-19　空心病

发病原因

多发生在土壤贫瘠的地块，特别是芹菜生长中后期遇高温干旱、肥料不足、病虫为害、肥多烧根、缺乏硼素、芹菜受冻、收获过迟等因素，都会使芹菜根系吸收肥水的能力下降，地上部得不到充足的营养，叶片生理功能下降，制造的营养物质不足。以上情况下，芹菜叶柄接近髓部的薄壁组织,首先破裂萎缩,形成空心秆。另外,沙土、沙壤土保水、保肥能力较差,容易造成肥水流失严重,使芹菜叶柄发生空心,品质下降。

+ 防治方法

①选择纯正的高质量的实心优良芹菜品种。

②选择适宜的地块种植。以富含有机质、保水保肥力强并且排灌条件好的壤土为宜,土壤酸碱度以中性或微酸性为好,忌黏土或沙性土壤种植。

③温度调控。芹菜喜冷凉湿润的环境条件,棚室内栽培芹菜,白天气温以 15℃~20℃为宜,最高不超过 25℃。夜间保持 10℃左右,不要低于 5℃。平时适当通风,降低空气湿度。

④合理肥水。施足底肥,撒施均匀,每亩施优质腐熟的有机肥 5000 千克左右,最好加施发酵好的鸡粪 100~200 千克,或磷酸二铵 15 千克左右;定植缓苗后施提苗肥,每亩随水施硫酸铵 10 千克左右,或施发酵的人粪尿。生长期追肥以速效氮肥为主,配合钾肥,每次每亩施 20 千克左右,每隔 15 天左右追肥一次。为防缺硼空心,可用 0.3%~0.5%硼砂溶液叶面施肥。小水勤浇,经常保持畦土湿润。此外,还要注意及时防治病虫害和及时收获。

21

3.叶柄开裂

主要症状

主要表现为茎基部连同叶柄同时裂开。

发病原因

①土壤本身缺硼。

②在低温、干旱条件下,植株生长受阻所致。此外,植株吸水过多时,如遇高温、高湿天气,会使组织快速充水,造成叶柄开裂。

22

防治方法

①施足充分腐熟的有机肥,每亩施硼砂 1 千克,与有机肥充分混匀。

②叶面喷施 0.1%~0.3% 的硼砂溶液,并在管理时注意均匀浇水。

4.心腐病

主要症状

发病初期心叶生长点的柔嫩组织由绿色变成褐色,

第一部分　芹菜

然后扩展到心叶,最后心叶全部枯死。遇到潮湿的环境,
心叶部受杂菌感染会腐烂(图1-20至1-24)。

图1-20　心腐病

图1-21　心腐病

23

图1-22　心腐病

图1-23　心腐病

图1-24　心腐病

发病原因

生理性缺硼和钙是造成心腐病的主要原因。芹菜是需要肥料较多的蔬菜,但也会发生因肥料浓度过浓,如氮、钾肥施入过多,或土壤中盐分浓度过高,或高温、低温、干旱而造成芹菜对硼和钙素吸收受阻,产生心腐病。

防治方法

发病初期,可用美林高效钙,对心腐病有很好的防效。一般15千克清水中先将美林高效钙助剂溶50克水中,再加50克美林高效钙溶解后,喷芹菜心叶,喷至滴水为止。用2%硝酸钙或0.2%氯化钙喷心叶,喷2次即可。喷洒时一定要喷在心叶上,喷在其他叶片上无效。栽培中应注意多种肥料配合施用,不要造成硼和钙的缺乏。注意水分供应,低温时要进行适当保温。

5.叶缘腐烂

主要症状

缺钙会造成嫩叶叶缘变褐,叶片萎缩。

➕ 防治方法

施足基肥。

❀ 6.沤根

主要症状

幼苗发病后不再长新根,生长缓慢,幼根外皮变成锈褐色,以后逐渐腐烂。茎叶生长受抑制,最后枯死,枯死幼苗很容易从土中拔起。

发病原因

在冬季、早春季节,芹菜苗期遇长期阴雪天气,苗床温度过低(低于 10℃),湿度过大,导致根系发育不良,吸收能力下降而引发该病。

➕ 防治方法

①播种畦面要平整,严禁大水漫灌。

②提高苗期床温,保持 15℃~25℃为宜。

③加强通风,降低湿度。

④培育壮苗,提高抗病能力。

⑤苗床湿度过大时,可向苗床撒施干草木灰或干细土。

25

二、温度引起的生理病害

1.高温危害

主要症状

温度过高造成的危害发生快,一般称为"日灼病"。高温部分褪绿发白、干枯卷叶和萎蔫等。

发病原因

芹菜属于喜冷凉温和的蔬菜,要求的温度不宜过高。棚室内白天适宜生长的温度范围为 15℃~22℃,26℃以上的高温会使生长受阻,品质降低,所以夏季芹菜生长不良。

防治方法

尽可能保持棚室内芹菜需要的适宜温度,放风选择在晴暖天气,在棚上扒开小缝放风,降低棚室内的湿度,以防低温高湿造成病害发生。

2.低温冷害

主要症状

受害叶片边缘呈黄白色,以后出现干枯、萎蔫、倒伏症状(图 1-25 至 1-27)。

图 1-25　低温冷害

图 1-26　低温冷害

图 1-27　低温冷害

27

发病原因

芹菜夜间 10℃为宜，经过低温锻炼的幼苗能耐-10℃
~-7℃的低温，但气温长期低于 0℃，也会受到冷害或冻害。

防治方法

①低温炼苗。苗期在 2~3 片叶时，白天气温保持

在15℃~20℃,夜晚降至0℃~4℃,可以增强植株的抗寒能力。

②喷施叶面肥。芹菜出现了冷害和冻害现象,可以叶面喷施碧欧1000倍液加汽巴二氢钾600倍液,5天左右一次,连喷2次能迅速恢复芹菜的长势,增加芹菜的抗逆能力。

③增温保温。在寒冷天气,尤其是大风降温或长期阴雪天气,应注意保温增温,及时盖草苫,堵住通风口。

28 三、由光照引起的生理病害

主要症状

光照过强的情况下,叶柄纤维增多,品质下降。通过春化的植株,如果遇长日照,则容易抽薹。

防治方法

采取遮阴措施,避免阳光直射。

四、由水分引起的生理病害

水的管理直接影响芹菜根系生长、土壤病原物的活力以及菜田小气候变化。

主要症状

①叶面积减少,生殖器官发育受抑,植株萎蔫,随着缺水时间的延长,可能会导致植株死亡。植株萎蔫时,蒸腾作用减弱或停止,气孔关闭,二氧化碳不能进入植物体内,光合作用不能正常进行,生长量减少,果实发育不良。

②土壤水分能调节芹菜的体温,芹菜缺水,体温过高,就会影响芹菜正常的生理代谢,易产生病害,特别是病毒病。

③土壤水分不足,影响土壤中养分的有效性,进而影响根系对养分的吸收,叶片还可能出现缺素症。

29

防治方法

浇水要选在晴天上午进行,浇水后要加强通风排湿。

五、由营养元素引起的生理病害

主要症状

生长矮小,叶色淡绿,老叶呈黄色(图1-28至1-31)。

图 1-28　缺氮

图 1-29　缺氮

图 1-30　缺氮

图 1-31　缺氮

发病原因

　　土壤本身含氮量低。种植前施大量没有腐熟的作物秸秆或有机肥,碳素多,其分解时夺取土壤中氮。种植前施用未腐熟的作物秸秆或有机肥短时间内会引起缺氮。

防治方法

施用新鲜的有机物(作物秸秆或有机肥)做基肥要增施氮素或施用完全腐熟的堆肥。也可叶面喷施 0.2%~0.5%尿素液。

2.氮过剩

主要症状

芹菜叶色浓绿,叶片大而柔软,徒长,茎秆细弱,易倒伏。

防治方法

避免一次性施用过量的氮肥,特别是铵态氮肥,避免土壤过干和过湿。硝态氮肥过量时可加大灌水量淋洗。

3.磷缺乏

主要症状

外部叶开始变黄,但嫩叶的叶色与缺氮症相比,显得更浓些。注意症状出现的时期,由于温度低,即使土壤中磷素充足,也难以吸收充足的磷素,易出现缺磷症。在生育初期,叶色为浓绿色,后期外部叶变黄(图 1-32)。

图 1-32 缺磷

堆肥施量小,磷肥用量少易发生缺磷症;地温常常影响对磷的吸收。温度低,对磷的吸收就少,早春易发生缺磷。

土壤缺磷时,增施磷肥;施用足够的堆肥等有机质肥料。

4.钾缺乏

主要症状

外部叶缘开始变黄的同时,叶脉间产生褐小斑点,这样的症状逐渐往上部叶扩展,植株生长变差。进一步叶缘

褪绿发展为褐色灼伤状(图1-33至1-36)。

图1-33 缺钾

图1-34 缺钾

图1-35 缺钾

图1-36 缺钾

33

发病原因

土壤中含钾量低,施用堆肥等有机质肥料和钾肥少,易出现缺钾症;地温低,日照不足,土壤过湿、施氮肥过多等阻碍对钾的吸收。

施用足够的钾肥;出现缺钾症状时,应立即追施硫酸钾等速效肥。亦可进行叶面喷施 1%~2% 的磷酸二氢钾水溶液 2~3 次。

5. 钾过剩

主要症状

易造成钙及镁缺乏症状,叶尖焦枯。

6. 钙缺乏

主要症状

34

芹菜缺钙后首先顶端生长受阻,新叶黄化,叶缘焦枯,植株无新鲜感,拔根观察可见根系少,呈黄棕色,根分枝,少有根毛,严重的可发生烂根。仔细观察心叶黄化状况,如果叶脉不黄化,呈花叶状则可能是病毒病;心叶萎缩,可能是缺硼。缺硼时叶片扭曲。这一点可以区分是缺钙还是缺硼(图 1-37 至 1-41)。

图 1-37　缺钙

图 1-38　缺钙

图 1-39　缺钙

图 1-40　缺钙

图 1-41　缺钙

🍀 发病原因

土壤中缺乏可吸收的钙素,不能满足芹菜生长发育所需的钙元素。芹菜的旺盛生长促进了对氮、磷、钾等元素的过量吸收,而影响了对钙的吸收。土壤施肥过多,特别是氮肥过量,造成土壤溶液浓度过大,导致根部吸收钙障碍。土壤中硼元素含量缺乏,造成芹菜根部钙吸收困难而缺钙。浇水不当或土壤过于干旱,致使根系对钙的吸收能力减弱而导致缺钙。在高温低湿蒸腾作用大时,大部分钙被送到了老叶,使嫩叶部分中心缺钙。酸性土壤影响钙的吸收。冬季大棚芹菜,由于地温低,影响根部对钙的吸收而缺钙。

➕ 防治方法

①对酸性重的土壤,可结合耕地每亩施 50~75 千克石灰粉;在碱性土壤中可每亩撒施生石膏粉 50~100 千克,使土壤达到中性或接近中性,以增加土壤中游离态的钙元素,有利于根对钙的吸收。

②在尽量合理施用充分腐熟的有机肥的前提下,调整土壤中氮、磷、钾、硼、钙等元素的含量,取土化验,实行配方施肥。在施用无机肥时,尽量少施铵态氮肥,多施硝态氮肥,如撒施,应在植株上无水滴时进行,撒后再清除

沾附在植株上的肥料,然后浇水。

③在冬季大棚中栽培芹菜,要尽量提高大棚内的地温,芹菜并不要求强光,在温度较低时可加盖草苫、纸被等外保温设施。

④加强管理,提高芹菜根系的吸收能力,同时浇水要均匀适当,以增强芹菜对钙的吸收。

⑤发病时可用 0.3%~0.5% 的硝酸钙溶液或 0.1% 的氯化钙溶液或 1% 的过磷酸钙溶液叶面喷施,5~7 天 1 次,连喷 2~3 次,每亩每次用药 0.4~0.5 千克。土壤钙不足,增施含钙肥料;避免一次用大量钾肥和氮肥;要适时浇水,保证水分充足。

37

7.钙过剩

主要症状

土壤易成中性或碱性,引起微量元素不足(铁、锰、锌),叶肉颜色变淡,叶尖红色斑点或条纹斑出现。

8.镁缺乏

主要症状

芹菜在生长发育过程中,外部叶叶脉间的绿色渐渐地变白,进一步发展,除了叶脉、叶缘残留点绿色外,叶脉间均黄白化。嫩叶色淡绿。缺镁的叶片不卷缩。如果硬化、卷缩应考虑其他原因;缺镁症状与缺钾症状相似,区别在于缺镁是从叶内侧失绿,缺钾是从叶缘开始失绿(图1-42至1-46)。

图1-42 缺镁

图1-43 缺镁

图1-44 缺镁

图1-45 缺镁

图1-46 缺镁

发病原因

土壤本身含镁量低;钾、氮肥用量过多,阻碍对镁的吸收。

防治方法

土壤诊断若缺镁,在栽培前要施用足够的含镁肥料;避免一次施用过量的、阻碍对镁吸收的钾、氮等肥料。

9.铁缺乏

主要症状

嫩叶的叶脉间变黄白色,接着叶色变白色。缺铁的症状是出现黄化,叶缘正常,不停止生长发育。检测土壤pH值,出现症状的植株根际土壤呈碱性,有可能是缺铁。检查植株叶片是出现斑点状黄化,还是全叶黄白化,如全叶黄白化则缺铁(图1-47,1-48)。

发病原因

碱性土壤、磷肥施用过量或铜、锰在土壤中过量易缺铁;土壤过干、过湿、温度低,影响根的活力,易发生缺铁。

图 1-47　缺铁　　　　　　图 1-48　缺铁

40

✚ 防治方法

　　尽量少用碱性肥料,防止土壤呈碱性;注意土壤水分管理,防止土壤过干过湿。也可用硫酸亚铁 0.1%~0.5%水溶液或柠檬酸铁 100 毫克/千克水溶液喷洒叶面。

❀ 10. 硼缺乏

▤ 主要症状

　　茎叶部有许多裂纹,心叶的生长发育受阻,畸形,生长差。芹菜自外叶开始,叶柄外侧表面发生褐色条纹沿纵脉或横裂纹;裂开部位变褐色。新叶畸形,叶脉间不规则褪绿,茎上出现毛刺。叶片变厚变脆,出现茎裂现象,心叶烧焦状死亡(图 1-49 至 1-53)。

图 1-49 缺硼

图 1-50 缺硼

图 1-52 缺硼

图 1-51 缺硼

图 1-53 缺硼

发病原因

①土壤本身缺硼。

②土壤干燥影响对硼的吸收,易发生缺硼。

③土壤有机肥施用量少,在土壤 pH 值高的田块也易发生缺硼。

④施用过多的钾肥,影响了对硼的吸收,易发生缺硼。

防治方法

①田间西芹出现缺硼症状时,应立即向叶面喷施硼肥,用 0.1% 的硼肥液,亩喷 40 千克,5~7 天喷 1 次,连喷 3 次。

②土壤缺硼,预先施用硼肥;要适时浇水,防止土壤干燥;多施腐熟的有机肥,提高土壤肥力。每亩用硼肥 0.3~0.5 千克与有机肥或氮、磷、钾等肥一起深施或撒施。

③但切忌使硼肥直接接触种子或幼苗根,以免出现烂种、死苗。硼砂可与农药混用,选择晴天下午用药,但注意硼砂不可与石灰、尿素等混用,以免发生药害。

11. 锌缺乏

主要症状

叶易上外侧卷,茎秆上可发现色素。缺锌症状严重时,生长点附近叶片簇生变小(图1-54)。

图1-54 缺锌

43

发病原因

光照过强易发生缺锌;若吸收磷过多,植株即使吸收了锌,也表现缺锌症状;土壤 pH 值高,即使土壤中有足够的锌,但其不溶解,也不能被蔬菜所吸收利用。

防治方法

不要过量施用磷肥;缺锌时可以施用硫酸锌,每亩用 1~1.5 千克。

12. 锌过剩

主要症状

叶尖及叶缘色泽较淡随后坏疽,叶尖有水浸状小点。

自下部叶的叶脉开始发黄,接着整叶变黄。

13.铜缺乏

主要症状

叶色淡绿色,在下部叶上易发生黄褐色的斑点 (图1-55,1-56)。

图 1-55 缺铜

图 1-56 缺铜

14.锰缺乏

主要症状

叶缘部的叶脉间淡绿色至黄白色。

15. 硫缺乏

主要症状

整株呈淡绿色，但嫩叶显示特别的淡绿色。

六、由有毒气体引起的危害

1. 氨气危害

主要症状

氨气所产生的危害，一般是植株中部叶片最先受害，受害部形成不定型的褪色斑，开始好像开水烫过，后变为褐色，使叶缘组织出现水渍状斑点，严重时整叶萎蔫枯死。常被误诊为霜老病或其他病症。

发病原因

由于施用过量尿素、硫酸铵等速效化肥，或施肥方法不当，如因施用未经腐熟的有机肥，在棚内高温条件下分解都会产生氨气，危害芹菜。

防治方法

①合理施肥。有机肥必须经过充分发酵腐热后再施

入棚内。施用化学肥料时要注意,不施氨水、碳酸氢铵、硝酸铵等不稳定、易挥发的化肥。尿素应与过磷酸钙混施。基肥要深施20厘米,追施化肥深度要达到12厘米左右,并盖土,施后及时浇水。用尿素、硫酸铵等不易挥发的化肥做部分基肥时,要与过磷酸钙混合后沟施或翻耕施入;施尿素、硫酸铵、硫酸钾做追肥时,切不能与碱性肥料混用,要做到少施勤施。

②加强观测,通风换气。在晴暖的天气,应结合调节温度进行通风换气,雨雪天气也应适当进行通风换气。在低温季节,应在中午气温较高时定时打开通风口通风换气,即使下雨天,也必须做到短时间换气。每天早晨用 pH 试纸测试棚膜上露水,若呈碱性,表明有氨气产生,需及时放风。

③遭受氨气危害,可在叶片的反面喷洒1%的食醋溶液。

2.亚硝酸气体危害

主要症状

在连年种植棚室容易发生。一次施用铵态氮肥过多,会使某些菌体的作用降低,造成土壤局部酸性。当 pH 值小于 5 时,便产生亚硝酸气体,可使蔬菜叶片出现白色斑点或斑块,2~3 天后干枯,严重整叶变白枯死,常被误诊为白粉病。

发病原因

大量施用化肥或牲畜粪肥后,土壤由碱性变为酸性,土壤盐渍化严重,硝酸化细菌活动受到抑制,致使亚硝酸不能正常、及时地转变成硝酸态氮,从而产生大量亚硝酸气体,部分亚硝酸气体会从土壤中逸出,造成亚硝酸气体危害。

47

防治方法

检测薄膜内侧水滴的 pH 值,当 pH 显示红色,预示气体呈酸性,有可能是亚硝酸气体过量。一旦发现有亚硝酸气体积累就要立即通风换气。可适当施有石灰或施用硝化抑制剂并大量浇水,使其渗入土中。

3.乙烯或氯气危害

主要症状

当乙烯或氯气达到一定浓度时, 可使蔬菜叶缘或叶

脉之间变黄,进而变白,严重时整株枯死。

发病原因

如果农膜或地膜的质量差,或地内有地膜残留,一旦阳光暴晒,棚内会产生高温,其易挥发产生乙烯和氯气等有害气体。

防治方法

选用安全无毒的农膜和地膜,及时清除棚内的废旧塑料品及其残留物。选用聚乙烯或质量可靠的氯乙烯膜,可防止有害气体溶解在水滴中危害蔬菜。

4.烟雾剂农药危害

主要症状

烟害发生很快,几个小时就会出现症状。多是全株受害,尤其是上部叶片受害最重,病株叶片变褐、焦枯,严重时全株死亡或成片死亡。

发病原因

施用烟剂过量或靠近植株,棚室低矮,施用烟剂时阴天气压低或空气流动差,造成局部烟浓度过高。如燃放百菌清烟剂过量会使蔬菜顶叶及外缘组织萎蔫死亡，在高温条件下侵害更为严重。

　**防治方法**

注意烟剂用量,正确确定燃放点位置和数量,烟剂要放在过道上,不要紧靠植株,要分散布点。一旦发生烟害,要加强通风换气,并摘除受害叶,加强肥水管理,以利植株恢复生长。

七、由土壤盐分浓度引起的危害

49

主要症状

芹菜空心。

发病原因

在肥水相同情况下,土壤盐碱性强地块易发生空心。

防治方法

参考芹菜空心病防治方法。

第二部分

大白菜

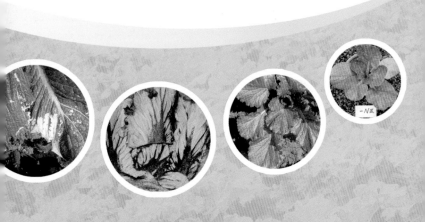

第一节 茬口安排及品种介绍

一、茬口安排

茬口	栽培时期	选择品种要点	推荐品种
春茬	2~5 月	选择生长期短，对春化要求严格的品种	春绿 1 号、津秀 1 号、津秀 2 号、京春白、鲁春白 1 号、强势、阳春、王春、春月黄
夏茬	5~8 月	选耐热性好、抗病力强、生长势强、早熟丰产、结球性好、外形美观、品质优良的品种	津夏 3 号、津白 45、京夏王、优夏王、早熟 5 号、夏阳
秋冬茬	8~12 月	选择抗病力强、生长势强、结球性好、外形美观、品质优良的品种	秋绿 55、秋绿 60、津白 56、津秋 65、津秋 606、津桔 65、秋绿 75、秋绿 78、津秋 1 号、秋绿 80

二、品种介绍

1. 春绿1号

　　春绿1号的株高为高桩直筒青麻叶类型,株型直立、紧凑,叶色深绿,适宜密植。外叶深绿多皱,中肋浅绿色,球顶花心,结球紧实,早熟性强。株高46厘米,球高40厘米,开展度51厘米,春播单株重1.4千克左右。抗病毒病、霜霉病和软腐病。品质极佳,商品性状好。

2. 津秀1号

　　津秀1号 (图2-1)极耐抽薹,黄心,外叶少,口感好,柱形叠抱,外形美观,适宜包装和运输。球高20~21厘米,球宽13厘米,单株重1~1.5千克。抗病毒病、霜霉病。

图2-1　津秀1号

图 2-2 津秀 2 号

3.津秀 2 号

津秀 2 号（图 2-2）极耐抽薹，黄心，外叶绿，口感好，柱形合抱，外形美观，适宜包装运输。球高 20 厘米，球宽 11 厘米，单株重 0.75~1.25 千克。抗病毒病、霜霉病。

4.津夏 1 号

津夏 1 号（图 2-3）生育期 45 天，球重 1.2 千克，耐热，早熟，抗病，优质，适应性广，南北方均可种植。

5.津夏 2 号

津夏 2 号（图 2-4）生育期 48 天，球重 1.3 千克，耐热，早熟，抗病，优质，适应性广。

6.津夏 3 号

津夏 3 号（图 2-5）植株为矮桩头球类型，早熟品种，生育

图 2-3 津夏 1 号

图 2-4 津夏 2 号

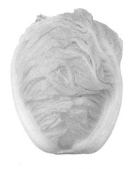

图 2-5 津夏 3 号

期 50~55 天,单株重 1.5 千克左右。株型半直立,外叶绿色,中肋白色,球顶叠抱,生长速度快,球形整齐美观。耐热、耐湿,35℃高温下正常结球。抗霜霉病、软腐病和病毒病。商品品质和口感品质均好,粗纤维含量少,生食口感甜脆,熟食易烂。

7.津白 45

津白 45(图 2-6)株型直立、紧凑,适宜密植。中桩类型,叶球近圆筒形,中部

图 2-6 津白 45

稍粗。株高 80 厘米,展开度 40 厘米,生育期 45 天左右,单株重 1.0~1.5 千克,外叶绿色,中肋白色,结球紧实,耐热性较强。抗病毒病和霜霉病。品质好,商品性状好。

8.秋绿 55

秋绿 55（图 2-7）为早熟品种,生育期 55 天左右,高桩直筒类型。株高 45 厘米,球高 36 厘米,开展度 46 厘米,单株重 1.5~2.0 千克。株型直立紧凑,外叶少,结球性强,叶色深绿,中肋浅绿色,球顶花心。早熟性好,叶纹适中,品质佳,抗霜霉病和病毒病。

图 2-7　秋绿 55

9.秋绿 60

秋绿 60（图 2-8）为早熟品种,生育期 60~65 天,高桩直筒类型。株高 47 厘米,球高 37 厘米,开展度 50 厘米,单株重 2.0~2.5 千克。株型直立紧凑,适宜密植。叶色深绿,叶帮浅绿,球顶花心,叶纹适中,品质极佳,抗病性强。

🥬 10. 津白56

津白56（图2-9）为早熟品种，生育期50~60天，植株为中高桩类型，近似直筒形，球顶花心。株高47厘米，球高40厘米，开展度60厘米，株型直立，适宜密植。外叶深绿色，新叶黄色，中肋白色，结球紧实，耐热早熟。冬性强，抗抽薹性强，部分地区可兼做春播品种。抗病毒病和霜霉病，品质好，商品性好。

🥬 11. 秋绿75

秋绿75（图2-10）生育期75天，植株为高桩直筒青麻叶类型，株高55厘米，球高50厘米，开展度62厘米，单株重3.0~3.5千克，株型直立、紧凑，外叶少，叶色深绿，中肋浅绿，球顶花心，叶纹适中。抗霜霉

图2-8　秋绿60号

图2-9　津白56

57

图 2-10　秋绿 75

图 2-11　秋绿 78

病、软腐病和病毒病。商品品质和口感品质均好，粗纤维含量少，生食口感脆甜，熟食易烂。适应性广，结球性强。

12. 秋绿 78

秋绿 78（图 2-11）为中熟品种，生育期 75~80 天。为高桩直筒青麻叶类型，株高 56 厘米，球高 52 厘米，开展度 64 厘米，单株重 3.5~4.0 千克，株型直立紧凑，外叶少，叶色深绿，中肋平直浅绿，球顶花心，叶纹适中。适应性广，结球性强。粗纤维含量少，生食口感脆甜，品质极佳。抗霜霉病、软腐病和病毒病。

13. 秋绿80

秋绿80(图2-12)为中晚熟品种,生育期80~85天。高桩直筒青麻叶类型,株高60厘米,球高55厘米,展开度67厘米,单株重3.5~4.0千克,株型直立、紧凑,叶色深绿,中肋浅绿,球顶花心。粗纤维含量少,生食口感脆甜,品质极佳。抗霜霉病、软腐病和病毒病。

图2-12　秋绿80

59

14. 津桔65

津桔65(图2-13)为新育成品种,生育期65天,球重2.4千克左右,心叶桔黄色,抗病,优质,商品性好。

15. 津秋606

津秋606(图2-14)生育期60天,球重2.5千克,早熟,抗病,优质。

图 2-13 津桔 65

图 2-14 津秋 606

第二节 栽培所需的环境条件

大白菜生长要求光照、水分、二氧化碳充足,在肥沃疏松、通透性强的微酸性土壤上生长,土壤的酸碱度(pH值)在 6.5~7.0 之间。

一、温度

大白菜属半耐寒性的蔬菜,怕酷热不耐严寒,通常喜欢冷凉的气候。大白菜的生育期比较长,不同时期对温度的要求也不一样,一般是在 5℃~25℃之间,过低或者过高都不利于大白菜生长。在华北地区种植大白菜季节的平均温度在 16℃(±10℃)的范围。而最适宜大白菜生长的平均温度是 17℃(±5℃)，平均温度高于 25℃以上时会出现生长不良的现象，而平均温度低于 10℃则会导致生长缓慢，当平均温度在 5℃以下时则会停止生长。在大白菜生长期间遭遇短期的低温冻害(0℃~2℃)，生长还能恢复，但是长期处在-2℃低温或者更低的温度时无法恢复（图2-15)，所以大白菜能耐轻霜但不耐严霜。如果遇到灾害天气，更是会出现绝收(图 2-16)。

图 2-15　白菜冻害　　　　图 2-16　雹害

大白菜在不同生长时期对温度有不同的要求。种子萌发时的适宜温度是 20℃~25℃。在最适宜温度下，并保持土壤湿润，播种 3 天后幼苗就能出齐。如果温度过高，气候干旱，会引起苗期病毒病。大白菜莲座期的适宜温度是 17℃~22℃。温度过高，易导致叶片徒长并容易发生

病害;温度过低,会造成生长缓慢,从而延迟结球时间。大白菜结球期要求温和、冷凉的气候条件,适宜的温度是 12℃~18℃,10℃~20℃也能生长良好。在适宜的温度范围内,气候表现为白天日照充足,光合作用强,有利于养分的制造;夜间冷凉,昼夜温差大,有利于养分的贮存和积累。

二、光照

在营养生长阶段大白菜需要充足的阳光,光照不足,光合作用降低,影响叶球紧实。日照长短对叶球形成有一定影响,秋末冬初日照较短时白菜较易结球。大白菜生长期需要充足的水分供应, 只有保证大白菜充足的水分供应,光合作用才能顺利进行。栽培大白菜的地块要有良好的灌溉条件和排水系统, 这样既能及时充足保证大白菜对水分的需求,又能在雨后迅速排出田间过多的积水。

三、水分

大白菜在不同的生长时期对水分的需求也不一样。幼苗期的需水量不大,但当土壤低于 10% 的含水量时,发芽和出苗都会受到影响;过湿土壤的透气性比较差,也不利于种子发芽和幼苗出土。莲座期的需水量比较多,苗

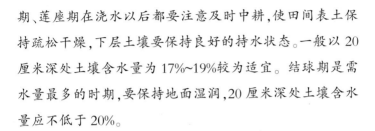

期、莲座期在浇水以后都要注意及时中耕,使田间表土保持疏松干燥,下层土壤要保持良好的持水状态。一般以 20 厘米深处土壤含水量为 17%~19%较为适宜。结球期是需水量最多的时期,要保持地面湿润,20 厘米深处土壤含水量应不低于 20%。

四、土壤

大白菜适宜在土层深厚,保水、排水良好,土壤肥沃、松软,有机质含量高的沙壤土、壤土或黏壤土上生长。土壤酸碱度以中性或弱酸性为好,碱性过大的土壤不适合大白菜的生长。

第三节　需肥动态

一、根系吸肥特性

白菜根系属于浅根系,主根入土深达 60 厘米,侧根系较为发达,并可发生多数次级侧根,分布 30~40 厘米范围内,形成强大的根系吸收网。大白菜喜肥沃湿润、深厚疏松、通气性好、保水保肥能力强的轻壤土、壤土或黏壤土。土壤 pH 值 6.5~7.0,可以与番茄、茄子、葱蒜、瓜类等作物轮作,前茬不宜种甘蓝类蔬菜。

二、需肥动态

　　大白菜生长期较短,产量高,需肥量大。不同生育期对肥料的反应各不相同。在其营养生长的过程中,历经幼苗期、莲座期、结球期形成产品。充分满足各生育期对营养元素的需要,是最终产生叶球的基础。发芽期和幼苗期对常量元素的吸收量较小,从出苗后30天进入莲座期后,吸收量猛增。出苗后70天已进入结球的中后期,对常量元素吸收量逐渐减少。全生育期对钾吸收量最大,氮、钙次之,磷、镁吸收量较小。而对微量元素的需求以铁最多,锌、锰、硼较少,铜最少。

三、施肥要点

1.春茬大白菜

　　播前施足基肥,每亩至少施400~600千克优质腐熟有机肥,加尿素10千克、过磷酸钙30~50千克、氯化钾15千克。地要整平整细,做成高畦,选晴天土壤墒情好时播种。合理密植,按株行距40厘米×60厘米开穴,每穴播种子5~10粒,播后覆细土,每亩用种100~150克。出苗后及

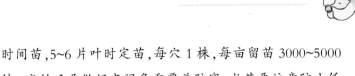

时间苗,5~6片叶时定苗,每穴1株,每亩留苗3000~5000株。定植后要做好夜间多重覆盖防寒,尤其要注意防止低温持续影响,以防止通过低温春化而未熟抽薹。

在施足基肥的基础上,要肥水早促。在幼苗期和莲座期要根据大白菜生长情况追肥数次,定苗后期莲座初期要追尿素10千克、氯化钾10千克,开沟施于行间,在莲座期末结球期初,每亩追施尿素15~20千克、氯化钾15千克,以促叶球充实。春茬大白菜追肥要及时及早,肥水充足,"一哄而起"。只有较旺盛的营养生长才能获得较高的产量。此外,良好的生长在某种程度上来说,也可以减少或是延迟先期抽薹现象的发生。

2.夏茬大白菜

夏茬大白菜生长期短,要结合整地,每亩施优质腐熟有机肥400~600千克、尿素10千克、过磷酸钙30~50千克、氯化钾15千克。施肥后深耕耙平、起垄,垄距55~60厘米,垄高15厘米。播种时,可在垄上开浅沟条播,也可按株距穴播,每穴播种子5~10粒,播后覆细土,每亩用种100~150克。播后往垄沟浇小水,避免水漫过垄,以致造成土壤板结,影响出苗。2~3天后再浇1水。在整个出苗期间

应保持土壤湿润,以免地温过高烧苗。于破心期和2~3片真叶期各间苗1次,5~6片真叶时定苗,根据品种特性,每亩留苗3000~5000株。定苗时注意淘汰病、残、弱苗,保留健壮苗。

夏季高温多雨,空气潮湿,所以浇水不要太勤,以防生病,但遇旱要浇水,保持地面湿润。越夏大白菜不要蹲苗,要以促为主。定苗后期莲座初期要追尿素10千克、氯化钾10千克,开沟施于行间,在莲座期末结球期初,每亩追施尿素15~20千克、氯化钾15千克,以促叶球充实。

66

3.秋茬大白菜

大白菜每亩施用优质腐熟有机肥400~600千克、尿素10千克、过磷酸钙30~50千克、氯化钾15千克。大白菜行距60厘米,株距40厘米,每穴播种子5~10粒,播后覆细土,每亩用种80~100克,每亩留苗3000~5000株。

大白菜苗期浇水2~3次,莲座期适当控水蹲苗,包心结球期要求水分充足,天旱时在包心初期灌水1次,以后间隔8天灌1次水,合计灌水2~3次。大白菜开始包心时追施尿素20千克左右,也可在苗期或莲座期视其长势追施提苗肥或发棵肥。定苗后期莲座初期要追尿素10千克,氯化钾10千克,开沟施于行间,在莲座期末结球期初,每亩追施尿素15~20千克、氯化钾15千克,以促叶球充实。

第四节　生理病害

1. 缺钙

主要症状

67

主要发生在心叶,发病初期,幼嫩的内部叶片前端出现褪绿的浅黄色,后逐渐加深,最后变成深褐色干纸状;严重时不能形成叶球,遇雨心叶腐烂发臭。轻病者可以包心,外观正常,所以也称为"干烧心"。此病是一种生理性缺钙病害, 是近年来大白菜发生较重的一种生理病害。苗期干旱时易发此病(图2-17至2-21)。

图2-17　缺钙

图 2-18 白菜缺钙

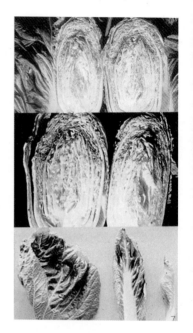

图 2-19 大白菜中期和成熟期
缺钙

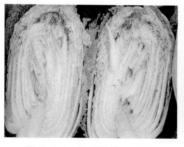

图 2-20 白菜缺钙干烧心

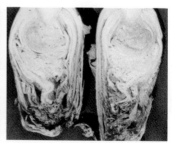

图 2-21 白菜干烧心典型

防治方法

①加强田间管理。苗期及时中耕,促进根系发育。生长期应肥水猛攻,一促到底,防止大白菜苗期和莲座期干旱缺水。

②合理施肥。底肥应以有机肥为主,化肥为辅,包心期要增施磷、钾肥。

③药剂防治。于结球前喷钙萘醇合剂(每千克含5克氯化钙、50毫克萘乙酸、0.5毫克三十烷醇),每亩用药50~75千克,隔10天喷1次,连喷2次。也可于病初,喷25%瑞毒霉800倍液或58%甲霜锰锌500倍液,隔7~8天喷1次,连喷2~3次。

69

2.缺氮

主要症状

早期缺氮,植株矮小,叶片小而薄,叶色发黄,茎部细长,生长缓慢。中后期缺氮,叶球不充实,包心期延迟,叶片纤维增加,品质降低(图2-22)。

图2-22　缺氮

 **防治方法**

　　施足底肥,不要用未经腐熟的有机物做基肥,适时追肥是预防大白菜缺氮最基本的方法。发现缺氮时,连续在叶面喷用尿素300倍液加葡萄糖粉100倍液,可以较快消除症状。

3.氮过量

主要症状

　　白菜帮的内侧出现黑斑,这是在白菜生长过程中农民使用的氮肥过多而出现的生理性黑斑(图2-23至2-25)。

图2-23　氮过量

图2-24　氮过量

图2-25　内侧小黑点

4. 缺磷

主要症状

生长不旺盛,植株矮化。叶小,呈暗绿色。茎细,根部发育细弱(图 2-26)。

图 2-26 白菜缺磷

防治方法

一般不容易发生缺磷的问题,缺磷时,用磷酸二氢钾 500 倍液或过磷酸钙 200 倍的浸提液喷洒植株或者灌根。

5. 缺钾

主要症状

注意用肉眼观察,缺钾初期下部叶缘出现黄白色斑

点,迅速扩大成枯斑,叶缘呈干枯卷缩状。结球期发生结球困难或疏松(图2-27)。

图2-27 缺钾

 防治方法

这种现象可结合追肥莲座期或结球期亩施磷酸钾1~2千克。并用磷酸二氢钾300倍液或100倍草木灰浸提液喷洒植株。

 6.缺硼

主要症状

硼促进糖分在植物体内的运输,同时促进花粉萌发和花粉管生长。缺硼在白菜开始结球时,心叶多皱褶,外部第5~7片幼叶的叶柄内侧生出横的裂伤,维管束呈褐色,随之

外叶及球叶叶柄内侧也生裂痕,并在外叶叶柄的中肋内、外侧发生群聚褐色污斑,球叶中肋内侧表皮下发生黑点,呈木栓化、株矮,叶严重萎缩、粗糙、结球小、坚硬。如果在幼苗期缺硼,新叶变形,叶小且厚,严重的生长点坏死,结球白菜比油菜更敏感,结球类蔬菜缺硼,叶柄及叶柄内侧可见黑色斑点和褐色龟裂纵横发生(图2-28,2-29)。

图2-28　缺硼　　　　　图2-29　缺硼

73

 防治方法

　　种植时可亩施硼砂0.3~0.5千克;结球前期白菜缺硼,可叶喷两次浓度为0.1%的硼砂溶液。

 **7.缺镁**

主要症状

　　镁是叶绿素的组成成分之一,缺镁,叶绿素即不能合成,叶脉仍绿而叶脉之间变黄。同时镁也是许多酶的活化剂,因此缺镁的症状为结球初期老叶脉间黄化,造成不结球或软结球。秋白菜缺镁有个条件,即只在缺磷富钾的土壤中表现。

➕ 防治方法

可用浓度1%~2%硫酸镁溶液进行叶面喷施。

🌷 8.缺铁

🖥 主要症状

铁是叶绿素合成所必需的元素,缺铁时,心叶先出现症状,由幼叶脉间失绿呈淡绿色,严重时整个新叶变为黄白色,严重缺铁时,叶脉也会黄化。

➕ 防治方法

对缺铁的土壤每亩施用硫酸亚铁2~3千克做底肥。缺铁时,叶面喷用硫酸亚铁或氯化亚铁500倍液,再加入尿素300倍液,每5天喷1次,连用3~4次,可使叶面复绿。

9. 缺锰

主要症状

在光合作用方面,水的裂解需要锰参与。缺锰时,叶绿体结构会破坏、解体。叶片脉间失绿,有坏死斑点。

防治方法

尽量使土壤保持中性。每亩施硫酸锰 1~4 千克做基肥,条施或穴施。也可根外喷施 0.2%硫酸锰,喷至叶背面滴水为止。

75

10. 药害

主要症状

药害是指农药施用不当后,导致白菜出现灼伤斑点、萎蔫、不包心、包心不实、叶片畸形、生长受抑制等现象(图 2-30)。

防治方法

选择对作物安全的农药品种。尽量避开在作物耐药力弱的时期施药。一般幼苗期、莲座期容易产生药害,需

图 2-30 白菜药害

特别注意。正确掌握施药技术,严格按规定浓度、配药方法,做到科学合理混用。避开炎热的中午施药。出现药害应及时灌水,增施磷、钾肥,中耕促进根系发育。如果喷错药剂,应及时喷洒大量清水淋洗。

上述缺素症只是单一的表现,实际生产中应结合几种缺素症状的综合表现,采取综合防治和管理措施。主要可以从以下几点考虑:

①增施熟化的优质有机肥,如马粪、猪粪、鸡粪等,或酵素菌沤制的堆肥。采取配方施肥技术,做到缺啥补啥,缺多少补多少,保证均衡供应。

②适时灌溉,防止土壤过干过湿;因盐害所致应采取除盐措施,如休闲期间水小冲盐或换土等。

③及时追肥,尤其在需肥高峰期更应注意,防止发生脱肥。

④喷施叶面肥。发病前喷施各种叶面肥。加强植株营养,提高蔬菜作物的抗病力。

当根部追肥出现脱节,植株表现缺素症,或被病虫侵害,要及时进行叶面追肥,但喷施时一定要把握好肥料浓度,喷施时期(一般在作物苗期,在阴天或晴天光照强度弱时施用,这样可增加肥料在叶面上附着时间和喷施部位)叶正反面均应喷到。

77

参考文献

[1]陆景陵,陈伦寿.植物营养失调症彩色图谱——诊断与施肥.北京:中国林业出版社,2009.

[2]吕佩珂,苏慧兰,高振江,等.中国现代蔬菜病虫原色图鉴.呼和浩特:远方出版社,2008.

[3]高国训.芹菜栽培与病虫害防治.天津:天津科技翻译出版公司,2009.

[4]宋元林.芹菜优质高产栽培.北京:金盾出版社,2011.

[5]满昌伟,刘刚,苏慧兰.芹菜无公害栽培掌中宝.北京:化学工业出版社,2011.

[6]韩秋萍,王本辉.蔬菜病虫害诊断与防治技术口诀.北京:金盾出版

社,2009.

[7]朱静华.设施蔬菜施肥技术(叶菜类).天津:天津科技翻译出版公司,
2010.

[8]汪兴汉,周达彪,周黎丽.绿叶菜类蔬菜生产关键技术百问百答.北京:
中国农业出版社,2005.

[9]王久兴.图解蔬菜病虫害防治.天津:天津科学技术出版社,2002.

[10]郭书晋.芹菜、香芹、菠菜、苋菜、茼蒿病虫害鉴别与防治技术图解.北
京:化学工业出版社,2011.

[11]蔡绍珍,陈振德.蔬菜的营养与施肥技术.青岛:青岛出版社,1997.

[12]陈伦寿,陆景陵.蔬菜营养与施肥技术.北京:中国农业大学出版社,
2002.

[13]陈清,张福锁.蔬菜养分资源综合管理理论与实践.北京:中国农业大
学出版社,2007.

[14]高桥英一.植物营养元素缺乏与过剩诊断.长春:吉林科学技术出版
社,2002.

[15]黄德明.蔬菜配方施肥.北京:中国农业出版社,2002.

[16]张福锁.测土配方施肥技术要览.北京:中国农业大学出版社,2002.

[17]王久兴,贺桂欣.蔬菜病虫害诊治原色图谱白菜甘蓝类分册.北京:科
学技术文献出版社,2005.